もくじ

1 季節の生き物のようす

1	春の生き物のようす①	/40	2	春の生き物のようす②	/40
3	夏の生き物のようす①	/40	4	夏の生き物のようす②	/40
5	秋の生き物のようす①	/40	6	秋の生き物のようす②	/40
7	冬の生き物のようす①	/40	8	冬の生き物⋯	
9	1年を通して①	/40	10	1年を通し⋯	
11	1年を通して③	/40	12	1年を通し⋯	

2 天気と気温

13	気温のはかり方・百葉箱①	/40	14	気温のはかり方・百葉箱②	/40
15	気温の変化①	/40	16	気温の変化②	/40
17	太陽の高さと気温の変化①	/40	18	太陽の高さと気温の変化②	/40

3 電気のはたらき

19	回路と電流・けん流計①	/40	20	回路と電流・けん流計②	/40
21	回路と電流・けん流計③	/40	22	回路と電流・けん流計④	/40
23	直列つなぎ・へい列つなぎ①	/40	24	直列つなぎ・へい列つなぎ②	/40
25	直列つなぎ・へい列つなぎ③	/40	26	直列つなぎ・へい列つなぎ④	/40

4 月や星の動き

27	月の動きと形①	/40	28	月の動きと形②	/40
29	月の動きと形③	/40	30	月の動きと形④	/40
31	星の動きと星ざ①	/40	32	星の動きと星ざ②	/40
33	星の動きと星ざ③	/40	34	星の動きと星ざ④	/40
35	星の動きと星ざ⑤	/40	36	星の動きと星ざ⑥	/40

5 空気と水

37	とじこめた空気①	/40	38	とじこめた空気②	/40
39	とじこめた空気③	/40	40	とじこめた空気④	/40
41	とじこめた水①	/40	42	とじこめた水②	/40

JN112274

6 動物の体のつくりと運動

43	ほねのはたらき①	/40	44	ほねのはたらき②	/40
45	ほねときん肉①	/40	46	ほねときん肉②	/40
47	ほねときん肉③	/40	48	ほねときん肉④	/40
49	動物の体①	/40	50	動物の体②	/40

7 ものの温度と体積

51	温度と空気や水の体積①	/40	52	温度と空気や水の体積②	/40
53	温度と空気や水の体積③	/40	54	温度と空気や水の体積④	/40
55	温度と金ぞくの体積①	/40	56	温度と金ぞくの体積②	/40
57	温度と金ぞくの体積③	/40	58	温度と金ぞくの体積④	/40
59	器具の使い方①	/40	60	器具の使い方②	/40

8 もののあたたまり方

61	金ぞくのあたたまり方①	/40	62	金ぞくのあたたまり方②	/40
63	水や空気のあたたまり方①	/40	64	水や空気のあたたまり方②	/40
65	水や空気のあたたまり方③	/40	66	水や空気のあたたまり方④	/40
67	水や空気のあたたまり方⑤	/40	68	水や空気のあたたまり方⑥	/40

9 水 の す が た

69	水をあたためる①	/40	70	水をあたためる②	/40
71	水を冷やす①	/40	72	水を冷やす②	/40
73	固体・えき体・気体①	/40	74	固体・えき体・気体②	/40
75	固体・えき体・気体③	/40	76	固体・えき体・気体④	/40

10 自然の中の水のすがた

77	水のゆくえ①	/40	78	水のゆくえ②	/40
79	水のゆくえ③	/40	80	水のゆくえ④	/40
81	自然の中の水のすがた①	/40	82	自然の中の水のすがた②	/40
83	自然の中の水のすがた③	/40	84	自然の中の水のすがた④	/40

✿　次の（　　　）にあてはまる言葉を □ から選びかきましょう。

(各5点)

春のようす

(1)

あたたかくなるとサクラは（①　　　　）をさかせます。このときは（②　　　　）は出ていません。

あたたかくなるとヘチマは（③　　　）を出します。⑦を（④　　　　）といい、⑦を（⑤　　　　）といいます。

芽　　本葉　　子葉　　花　　葉

(2)

冬をたまごのままですごしたカマキリは、春にたまごからかえり（①　　　　）になります。

土の中で冬をすごしたカエルは春になると（②　　　　）をうみます。たまごがかえると（③　　　　）になります。

たまご　　おたまじゃくし　　よう虫

2 春の生き物のようす②

◎　春の生き物のようすについて、次の(　　)にあてはまる言葉を　　　から選びかきましょう。 (各4点)

(1)　ヘチマなど、春に(① 　　　　)をまく植物は、あたたかくなるにつれて(② 　　　　)を出して大きく(③ 　　　　)します。

　　水の温度が高くなってくると、カエルは(④ 　　　　　)をうみ、(④)から(⑤ 　　　　　)がかえります。

> 成長　　おたまじゃくし　　芽　　種　　たまご

(2)　あたたかくなると、南の方から(① 　　　　　)などの(② 　　　　　)が日本にやってきます。

　　冬の間、葉を地面にはりつけていた(③ 　　　　　)などの草花も、あたたかくなるにつれて(④ 　　　　)をのばし、葉をおこして(⑤ 　　　　)をさかせるようになります。

> 花　　くき　　ツバメ　　タンポポ　　わたり鳥

❀　次の(　　)にあてはまる言葉を □ から選びかきましょう。

(各5点)

夏のようす

(1)

夏になるとサクラの (①　　　　) がしげり、

小さな (②　　　　) ができます。

夏になるとヘチマの葉も (③　　　) も成

長します。また、(④　　　　) もさかせます。

めばな

葉　　くき　　実　　花

(2)

夏になるとカマキリは (①　　　　) から

(②　　　　) へと成長し、活発に活動しま

す。

カエルは夏に (③　　　　　) から

(④　　　　) がはえて、陸に上がります。

足　　おたまじゃくし　　成虫　　よう虫

月　日

点/40点

◎　夏の生き物のようすについて、次の(　　)にあてはまる言葉を □ から選びかきましょう。　　　　　　　　　　（各4点）

(1)　夏は、植物が大きく(① 　　　　　)します。(② 　　　　　)の数が多くなったり、緑色がこくなったりします。動物も気温が(③ 　　　　　)につれて、より(④ 　　　　　)に活動します。

> 活発　　成長（せいちょう）　　葉　　上がる

(2)　夏になると、土の中にいたセミの(① 　　　　　)が木に登り、(② 　　　　　)になります。

アゲハのよう虫が大きくなり、(③ 　　　　　)になったあと(④ 　　　　　)になりました。

親ツバメは、ひなにたくさん(⑤ 　　　　　)をあたえ、暑くなるころには、ひなは(⑥ 　　　　　)をします。

> 巣立ち（すだち）　　成虫　　成虫　　よう虫　　さなぎ　　えさ

5 秋の生き物のようす①

月　日

点/40点

◎　次の（　）にあてはまる言葉を □ から選びかきましょう。

(各5点)

秋のようす

(1)

気温が（①　　　）すずしくなると、サクラの葉の色が緑から茶色や（②　　　）に変わります。

夏ごろ（③　　　）がさいていたヘチマは、秋には（④　　　）がなり、大きく成長します。

> 実　　花　　下がり　　赤色

(2)

秋になると、カマキリの成虫は（①　　　）をうみます。そして、気温が低くなるにつれ動きが（②　　　）なります。

アゲハは、秋になると、（③　　　）が（④　　　）になります。

> よう虫　　にぶく　　さなぎ　　たまご

❀　秋の生き物のようすについて、次の（　　）にあてはまる言葉を □ から選びかきましょう。

（各5点）

(1)

　　　　　秋になると、気温が下がり（① 　　　　　）なります。

　　　　　植物によっては、葉の色が（② 　　　　　）や（③ 　　　　　）にこう葉します。しだいに、葉やくきが（④ 　　　　　）たりします。

赤色　　黄色　　すずしく　　かれ

(2)

　　　　　秋になると、動物は活動が（① 　　　　　）なり、見られる（② 　　　　　）もへってきます。

　　　　　冬ごしのしたくとして、多くの草木は実や（③ 　　　　　）をつくります。また、多くのこん虫は（④ 　　　　　）をうみます。

たまご　　種　　にぶく　　数

◎　次の(　　)にあてはまる言葉を □ から選びかきましょう。

(各5点)

冬のようす

(1)

冬になると気温はさらに (①　　　　)、寒くなります。サクラの葉が落ちて、えだには (②　　　　)ができます。

冬になるとヘチマの実は (③　　　　)、その実の中には (④　　　　)ができます。

> 芽（め）　種（たね）　かれて　下がり

(2)

カエルは冬の間は (①　　　　)の中ですごし、テントウムシは (②　　　　)の下で春になるのをまちます。

ツバメなどの (③　　　　) は (④　　　　)のあたたかいところで冬をこします。

> わたり鳥　南　葉　土

8 冬の生き物のようす②

🌀　冬の生き物のようすについて、次の（　　）にあてはまる言葉を▢から選びかきましょう。　　　　　　　　　（各5点）

(1) 冬になると草などの植物は（① 　　　　　 ）しまいます。サクラの（② 　　　　 ）は落ちて、えだの先には（③ 　　　 ）ができています。

　　タンポポは、葉を地面に（④ 　　　　　　　 ）、冬をすごします。

> 芽　　はりつけて　　かれて　　葉

(2) こん虫は、冬の間（① 　　　　　　 ）のようにたまごですごすものや、アゲハのように（② 　　　　　 ）ですごすもの、（③ 　　　　　 ）のように成虫ですごすものなどがいます。

　　カブトムシは、（④ 　　　　 ）で冬をすごします。

　　フナやメダカは、冷たい水の中では、活動しません。

> さなぎ　　よう虫　　カマキリ　　テントウムシ

9 1年を通して①

◎ 次の□に春夏秋冬の季節を1つかき、（　　）にあてはまる
言葉をかきましょう。

（各5点）

(1) カマキリ

① □ よう虫になる。

② □ たまごですごす。
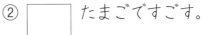

③ □ たまごをうむ。

④ □ 成虫になる。
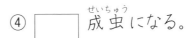

(2) カエル

① □ （② 　　　　　）の中。

夏 陸に上がる。
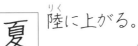

③ □ たまごをうむ。

（④ 　　　　　　）になる。

10 1年を通して②

❀　次の生き物のようすについて、正しい順にならべかえ、記号で答えましょう。

(各5点)

(1) ヘチマ

ア　　　　　イ　　　　　ウ　　　　　エ

 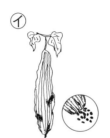

春	夏	秋	冬

(2) サクラ

ア　　　　　イ　　　　　ウ　　　　　エ

  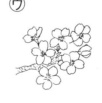 

春	夏	秋	冬

11　1年を通して③

月　　日

点/40点

❀　次の( )にあてはまる言葉を □ から選びかきましょう。

(各5点)

(1)　ナナホシテントウは、春から夏にかけて
（① 　　　　　）が高くなるにつれて、たまごか
ら（② 　　　　　）、そして（③ 　　　　　）へと
成長し、活発に（④ 　　　　　）します。

> 活動　　成虫　　よう虫　　気温

(2)　ナナホシテントウは、気温が（① 　　　　　）
なる秋から（② 　　　　　）にかけて、冬をこす
じゅんびをし、（③ 　　　　　）の下などにかく
れて春をまちます。
　このように生き物の活動は（④ 　　　　　）と
大きく関係しています。

> 気温　　低く　　葉　　冬

12　1年を通して④

点/40点

次の（　　）にあてはまる言葉を　　　から選びかきましょう。

（各4点）

(1)　ツバメは春になると（①　　　　　）の方から

日本にやってきて（②　　　　　）をつくり、た

まごをうんで（③　　　　　）を育てます。

親鳥は、ひなのために何度も（④　　　　　）をあたえます。

秋のはじめには、ツバメのひなはとびまわって、自分で

（⑤　　　　　）をとるようになります。

そして、寒くなってくると南の方へとび立っていきます。

> 巣　　えさ　　えさ　　南　　ひな

(2)　植物は（①　　　　　　）なると大きく成長し、動物は活

発に（②　　　　　）します。反対に寒くなる冬の間は、植物は

（③　　　　　）て、動物の活動は（④　　　　　）なります。この

ように植物や動物の1年間のようすは（⑤　　　　　）によって変

化します。

> 気温　　あたたかく　　にぶく　　活動　　かれ

◎　次の（　）にあてはまる言葉を □ から選びかきましょう。

(各5点)

晴れ

くもり

(1)　天気は、空全体の雲の（① 　　　）で決められます。（② 　　　）が多く、青空が見えないときの天気は（③ 　　　）で、雲があっても青空が見えているときの天気は（④ 　　　）です。

```
晴れ　　くもり　　雲　　量
```

温度計

紙など

(2)　温度計は、地面から（① 　　　）m ぐらいの高さではかります。

空気の温度を（② 　　　）といいます。

気温は（③ 　　　）のよい、直せつ日光の（④ 　　　）ところではかります。

```
気温　　あたらない　　1.2～1.5　　風通し
```

◎ 次の( )にあてはまる言葉を □ から選びかきましょう。

(各4点)

(1) 図のようなものを (① 　　　　) といいます。

百葉箱は、(② 　　　　) などをはかるためのもので (③ 　　　　) い色をしています。

> 白　　百葉箱　　気温

(2) 百葉箱の中は (① 　　　　) がよく、直せつ日光が (② 　　　　) ようにつくられています。中に入っている温度計は、地面からおよそ (③ 　　　　) mの高さになっています。

> 1.2〜1.5　　風通し　　あたらない

(3) 百葉箱には、その他、気圧計や、しめり具合をはかるしつ度計や (① 　　　　) などが入っています。(①)は最高気温や (② 　　　　) 気温をはじめ1日の (③ 　　　　) を記録します。また、そのグラフの形から、その日の (④ 　　　　) が考えられます。

> 最低　　天気　　気温　　記録温度計

月　　　　日

点/40点

◎ 次のグラフは、雨の日の気温の変化を表したものです。

（各10点）

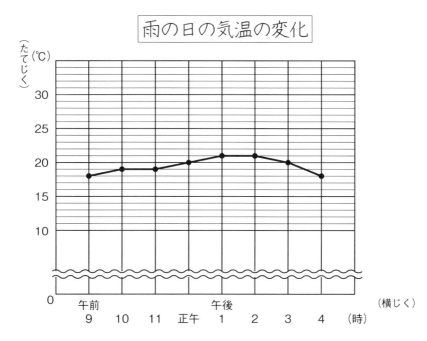

雨の日の気温の変化

(1) このグラフは、何グラフといいますか。

（　　　　　　　　　　　）

(2) 横じくとたてじくは何を表していますか。

横じく（　　　　　　　　）　たてじく（　　　　　　　　）

(3) それぞれの時こくの気温を表しています。
正午の気温は何度ですか。

（　　　　　　　　　　　）

16 気温の変化②

⚘ 次の表は、「晴れの日の気温の変化」を表したものです。

午前 9時	10時	11時	正午	午後 1時	2時	3時	4時
20(℃)	22	26	28	30	32	29	27

(1) ☐ に題名をかき、折れ線グラフをかきましょう。　(各10点)

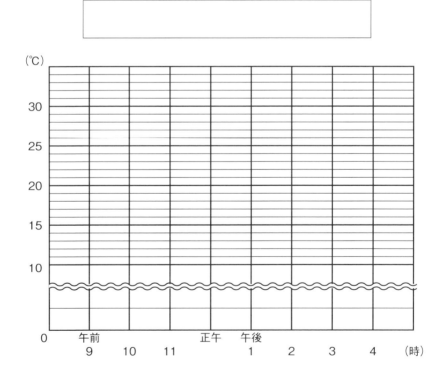

(2) この日の最高気温は、何時で何度ですか。　(各10点)

(　　　　　　)(　　　　　　)

◎　気温の変化について、次の（　　）にあてはまる言葉を
　　　　　から選びかきましょう。

(各8点)

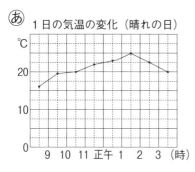

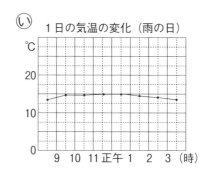

(1)　あのグラフは（① 　　　　　　）の日のグラフで、いのグラフは

（② 　　　　　　）の日のグラフです。晴れの日のグラフは、1日の

気温の変化が（③ 　　　　　）です。雨の日のグラフは、1日の

気温の変化が小さいです。

```
大きい　　雨　　晴れ
```

(2)　晴れの日の気温は、（① 　　　　　　　）ごろがいちばん気温が

高く、（② 　　　　　　　）がいちばん気温が低くなります。

```
午後1時半　　日の出前
```

◎　次の(　　　)にあてはまる言葉を □ から選びかきましょう。

(各8点)

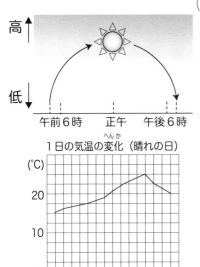

高↑　低↓

午前6時　　正午　　午後6時

1日の気温の変化（晴れの日）

(℃)

20

10

0

9 10 11 正午 1 2 3 (時)

(1)　図のように太陽の位置は正午ごろにいちばん高くなり、気温は(①　　　　　)ごろがいちばん高くなります。

　このように、太陽の高さと、最高気温は(②　　　　　)います。

┌─────────────────┐
│ ずれて　　午後2時 │
└─────────────────┘

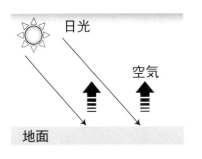

日光

空気

地面

(2)　日光は、まず(①　　　　)をあたためます。次に、あたためられた地面は(②　　　　)をあたためます。だから、太陽の高さと最高気温の時間は(③　　　　)います。

┌─────────────────────┐
│ 空気　　地面　　ずれて │
└─────────────────────┘

✿　次の（　）にあてはまる言葉を □ から選びかきましょう。

（各5点）

(1)　右の図のようにつなぐと、電気の通り道
が1つの輪になり、電気が、（①　　　　）
て豆電球がつきます。

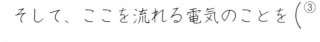

　このように1続きにつながった電気の通
り道のことを（②　　　　）といいます。

　そして、ここを流れる電気のことを（③　　　　）といいます。

> 電流　　流れ　　回路

(2)　ソケットを外しました。次の中で、豆電球がつくものに○、
つかないものに×をつけましょう。

①（　　）　　　　②（　　）　　　　③（　　）

④（　　）　　　　⑤（　　）

月　日

点/40点

❀　次の（　　）にあてはまる言葉を □ から選びかきましょう。

（各5点）

(1) 豆電球

どう線

かん電池

＋　ー

（① 　　　　　）と豆電球をどう線でつなぐと（② 　　　　　）が流れます。この電気の流れを（③ 　　　　　）といい、電気の通り道のことを（④ 　　　　　）といいます。

| 回路 | 電流 | 電気 | かん電池 |

(2) 電流は、かん電池の（① 　　　　　）から出て（② 　　　　　）へ流れます。

　かん電池の向きが、反対になると流れる（③ 　　　　　）の向きも（④ 　　　　　）になります。

| ー極 | ＋極 | 反対 | 電流 |

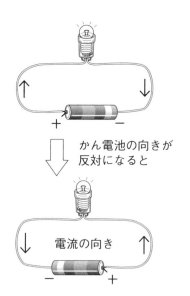

かん電池の向きが
反対になると

電流の向き

❀　けん流計の使い方について、次の（　　　）にあてはまる言葉を □ から選びかきましょう。

(各5点)

(1)　けん流計を使うと電流の流れる（① 　　　　）と（② 　　　　）を調べることができます。

　けん流計は（③ 　　　　　　　）において使います。

　右の図のようにけん流計をつなぎ、電流を流したら、はりのふれる（④ 　　　　）と（⑤ 　　　　）を見ます。

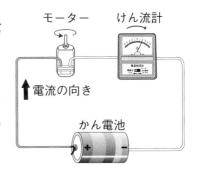

モーター　　けん流計

↑電流の向き

かん電池

┌─────────────────────────────┐
│ 水平なところ　　向き　　向き　　ふれはば　　強さ │
└─────────────────────────────┘

(2)　右の図では、電流は（① 　　　　）から（② 　　　　）の向きへ流れ、目もりは、（③ 　　　　）を指しています。

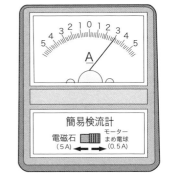

簡易検流計

電磁石　　　　　モーター
（5A）　　まめ電球（0.5A）

┌─────────────────┐
│ 　3　　左　　右 │
└─────────────────┘

❀ 次の（　　）にあてはまる言葉を ⬚ から選びかきましょう。

（各5点）

(1) 電流は、かん電池の（① 　　　　）極から（② 　　　　）極へ
流れます。

　　電気の通り道のことを（③ 　　　　）といいます。

> ー　＋　回路

(2) 電池の（① 　　　　）を変えると、
流れる（② 　　　　）の向きが変わり
ます。

　　また、モーターの回る（③ 　　　）
も変わります。

　　そして、（④ 　　　　）のはり
のふれる向きも（⑤ 　　　　）になり
ます。

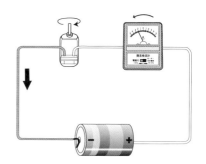

> けん流計　反対　電流　向き　向き

⊛　次の（　　）にあてはまる言葉を□から選びかきましょう。

(各10点)

図1

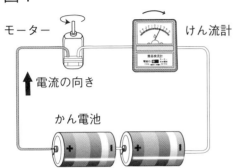

モーター　　けん流計

↑電流の向き

かん電池

図2

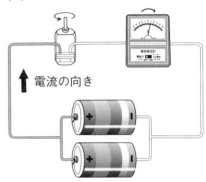

↑電流の向き

(1)　図1のようにかん電池の＋極と－極を、次つぎにつなぐ
つなぎ方を（　　　　　）つなぎといいます。

(2)　直列つなぎにすると、かん電池｜このときとくらべて電流
の大きさは（　　　　　）なります。

(3)　図2のようにかん電池の同じ極どうしが｜つにまとまるよ
うなつなぎ方を（　　　　　）つなぎといいます。

(4)　へい列つなぎでは、かん電池｜このときとくらべて
（　　　　　）の電流が流れます。

大きく　　同じくらい　　直列　　へい列

❀ 次の2つの回路図をそれぞれ記号を使ってかきましょう。

（各5点）

	豆電球	かん電池	スイッチ
記号	⊗	⊕ ⊖ ┤├	／

(1) 直列つなぎ

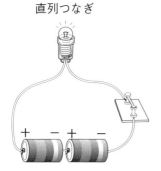 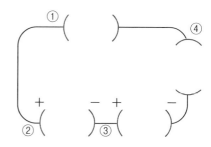

(2) へい列つなぎ

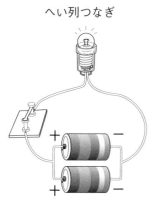 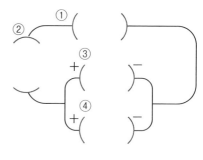

25 直列つなぎ・へい列つなぎ③

❀　図を見て、次の(　　)にあてはまる言葉を □ から選びか

きましょう。

（各5点）

図1

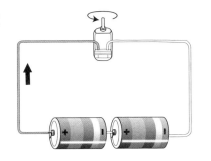

図2

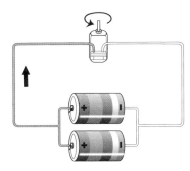

(1)　図1の(① 　　　　　　　)つなぎにすると、かん電池|このとき

とくらべて(② 　　　　　　　)電流が流れます。

　　図2の(③ 　　　　　　　)つなぎにすると、かん電池|このとき

と(④ 　　　　　　　)の大きさの電流が流れます。

> へい列　　直列　　同じくらい　　大きい

(2)　図1の(① 　　　　　　　)つなぎの電池を|つはずすと、電流は

(② 　　　　　　　　　)。また、図2の(③ 　　　　　　)つなぎの電

池を|つはずしても、電流は(④ 　　　　　　　　　)。

> 流れます　　流れません　　直列　　へい列

月　　日

点/40点

❀　回路の図の中で、豆電球が点灯するものに〇、点灯しないものには✕をつけましょう。

(各5点)

① (　　　)

ソケット

② (　　　)

③ (　　　)

④ (　　　)

⑤ (　　　)

⑥ (　　　)

⑦ (　　　)

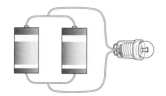

⑧ (　　　)

月 日

点/40点

❀ 月の動きを調べるため、右のような観察カード（かんさつ）をつくって記録（きろく）しました。

次の（　　　）にあてはまる言葉を □ から選びかき（えら）ましょう。 (各8点)

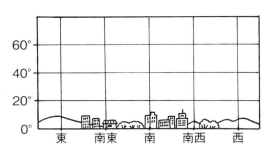

60°
40°
20°
0°

東　南東　南　南西　西

同じところで観察するため、観察する場所に（①　　　　　　　）をつけます。

右の図のように（②　　　　　　　）を持って、北の方角に合わせます。

そして、（③　　　　　　　）を月のある方に向けて方位（ほうい）を読みとります。

月の高さは、うでをのばして、にぎりこぶし１こ分を（④　　　　　）として、見上げる（⑤　　　　　）をはかります。

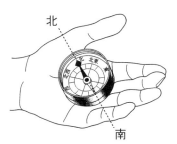

北

南

方位

高さ

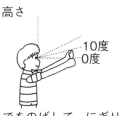

10度
0度

うでをのばして、にぎりこぶし１こ分で約（やく）10度となる

指先　10度　角度
目印（めじるし）　方位じしん

28 月の動きと形②

✿ 月の見え方や動きを調べたカードが2まいあります。

次の（　　）にあてはまる言葉を □ から選びかきましょう。

（各5点）

⑦

⑦

(1) 月の（① 　　　　　）は、日によって変わります。⑦の形の月を

（② 　　　　　）、⑦の形の月を（③ 　　　　　）といいます。

また、⑦の形の月のことを（④ 　　　　　）の月といいます。

```
満月（まんげつ）　半月　形　十五夜
```

(2) 月の動き方は（① 　　　　　）の動き方ににています。

月の形はいろいろであっても、（② 　　　　　）の空から出て、

（③ 　　　　　）の空を通って、（④ 　　　　　）の空にしずみます。

```
東　西　南　太陽
```

◎　いろいろな形の月について、次の（　　）にあてはまる言葉を[　　]から選びかきましょう。

（各8点）

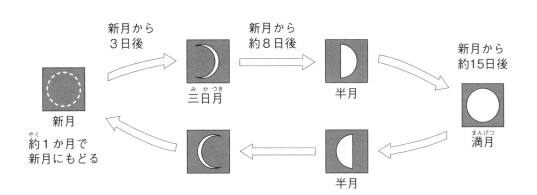

新月から
3日後

新月から
約8日後

三日月(みかづき)

半月

新月から
約15日後

満月(まんげつ)

新月
約(やく)1か月で
新月にもどる

半月

月の形は、毎日少しずつ（① 　　　　　　　　）。

新月から数えて3日目の月を（② 　　　　　　　）といい、満月の半分の形の月を（③ 　　　　　）といいます。

そして、新月から約15日後に（④ 　　　　　）になります。

新月は、明るい日中にのぼるので、ほとんど見ることができません。新月から次の新月にもどるまでに約（⑤ 　　　　　）かかります。

満月　　三日月　　半月　　1か月　　変(か)わります

月　　日

点/40点

◎　次の(　　)にあてはまる言葉を □ から選びかきましょう。

(各5点)

(1)　図1は(① 　　　　　)の動きを表しています。

満月は(② 　　　　　)に東の空からのぼり、(③ 　　　　　)に南の空を通り、(④ 　　　　　)に西の空にしずみます。

図1　満月の動き

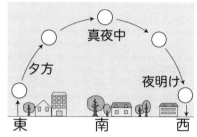

| 夜明け　　夕方　　真夜中　　満月 |

(2)　図2は半月の動きを表しています。半月は昼に(① 　　　　　)の空からのぼり、夕方に(② 　　　　　)の空を通って、真夜中に(③ 　　　　　)の空にしずみます。

月の動きは(④ 　　　　　)の動きと同じです。

図2　半月の動き

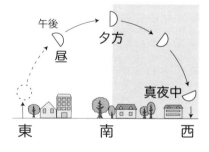

| 南　　西　　東　　太陽 |

☺　星ざ早見の使い方についてかいています。次の（　　）にあてはまる言葉を[　]から選びかきましょう。　（各8点）

(1)　方位じしんを（①　　　　　）の方位に合わせます。次に、調べる星ざがどの（②　　　　　）にあるかたしかめます。

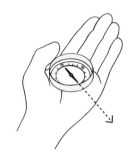

(2)　見ようとする星ざの方位を、星ざ（①　　　　　）の方位の文字を（②　　　　　）にします。

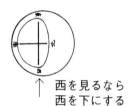

↑　西を見るなら西を下にする

(3)　月、日、（　　　　　　　）の目もりを合わせます。

図は9月9日20時です。

| 方位 | 早見 | 時こく | 下 | 北 |

😊 次の( )にあてはまる言葉を □ から選びかきましょう。

(各8点)

アンタレス
(赤い星)

さそりざ

☆ 1等星
✬ 2等星
○ 3等星

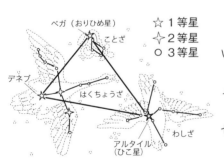

ベガ (おりひめ星)
ことざ
デネブ
はくちょうざ
わしざ
アルタイル
(ひこ星)

☆ 1等星
✬ 2等星
○ 3等星

星には、青、黄などのいろいろな（①　　　　　）があります。

また星は、（②　　　　　　　　）によって１等星、２等星……と分けられています。

星の集まりを、いろいろな形に見たてて名前をつけたものを（③　　　　　）といいます。

（③）は、時こくとともに見えている（④　　　　　）は変わりますが、その（⑤　　　　　　　）は変わりません。

ならび方	位置	色
星ざ	明るさ	

33 星の動きと星ざ③

月　　日

点/40点

◎　夏の大三角、冬の大三角について、次の（　　）にあてはまる
言葉を □ から選びかきましょう。　　　　　　（各5点）

(1)　ことざの（①　　　　　）

わしざの（②　　　　　）

はくちょうざの（③　　　　　）

3つをつなぐと三角形ができます。

この三角形を（④　　　　　）といいます。

☆ 1等星
✧ 2等星
○ 3等星

ベガ（おりひめ星）
ことざ
デネブ
はくちょうざ
アルタイル（ひこ星）
わしざ

┌─────────────────────────────┐
│ アルタイル　　デネブ　　ベガ　　夏の大三角 │
└─────────────────────────────┘

(2)　オリオンざの（①　　　　　）

おおいぬざの（②　　　　　）

こいぬざの（③　　　　　）

3つをつなぐと三角形ができます。

この三角形を（④　　　　　）といいます。

ベテルギウス
オリオンざ
こいぬざ
シリウス
プロキオン　おおいぬざ

☆ 1等星
✧ 2等星
○ 3等星

┌─────────────────────────────┐
│ プロキオン　　シリウス　　ベテルギウス　　冬の大三角 │
└─────────────────────────────┘

❀　ある日の午後7時ごろから星ざを観察しました。図はそのときのようすを表したものです。

（各8点）

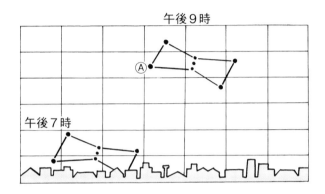

午後9時

Ⓐ

午後7時

(1)　この星ざの名前をかきましょう。　　（　　　　　　　　）

(2)　観察した季節はいつですか。　　　　（　　　　　　　　）

(3)　観察したのは北の空ですか、それとも南の空ですか。

（　　　　　　　　）

(4)　| 等星Ⓐの名前をかきましょう。　（　　　　　　　　）

(5)　この星ざの動きは月と同じですか。　（　　　　　　　　）

月　　　日

点/40点

◎　図を見て、次の（　　）にあてはまる言葉を □ から選びか
きましょう。

(各5点)

図1

（①　　　　　　　　　）

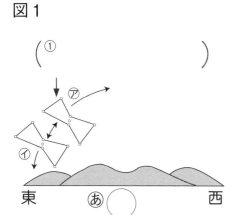

東　　　あ○　　　西

図2　（②　　　　　　　　　　）

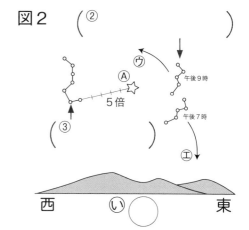

西　　　い○　　　東

(1)　図の①〜③に星ざ名をかきましょう。

(2)　図の あ、い に方位をかきましょう。

(3)　図1でこの星ざは、⑦、⑦どちらの方角にすすみますか。

（　　　　　）

(4)　図2の星Ⓐの名前をかきましょう。　　（　　　　　）

(5)　図2の②の星ざは⑨、⑪のどちらの方向にすすみますか。

（　　　　　）

| 南　　　北　　　オリオンざ　　　カシオペヤざ |
| 北極星　　　北と七星　　　⑦　　　⑨ |

月　　　日

点/40点

❀　図の**あ**、**い**は同じ日の、ちがう時こくに観察したものです。

(各10点)

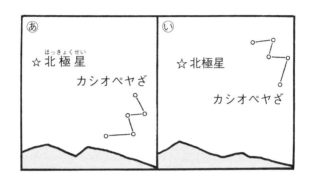

(1) この空の方位は東、西、南、北のどれですか。（　　　　　）

(2) **あ**、**い**のどちらが、早い時こくですか。（　　　　　）

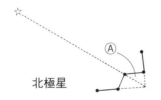

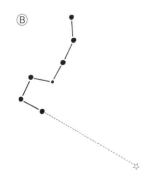

(3) 北極星は、カシオペヤざの④の
きょりの約何倍のところにありま
すか。次の中から選びましょう。

（　　　　　）

① 5倍　　② 10倍　　③ 15倍

(4) 北極星を中心にして、カシオペ
ヤざの反対側にある星ざ⑧は何で
すか。

（　　　　　）

◎　次の（　　）にあてはまる言葉を □ から選びかきましょう。

(各8点)

　空気をとじこめたマヨネーズの空きよう器と、ビニールぶくろがあります。

　マヨネーズの空きよう器にふたをして、おすと手ごたえがあり、（①　　　　　　　）がはたらきます。

　　　　ビニールぶくろの口を大きく広げ、ふるように動かすと、まわりの（②　　　　　　）をたくさんとり入れることができ、ビニールぶくろの口をひもでとじると、空気を（③　　　　　　）ことができます。このビニールぶくろをおすと（④　　　　　　）があり、おし返されるような感じがあります。（⑤　　　　　　）空気は、おすと元にもどろうとします。

```
とじこめられた　　手ごたえ　　元にもどる力
空気　　とじこめる
```

◎　次の(　　)にあてはまる言葉を □ から選びかきましょう。

(各5点)

(1)　図のように、つつの中に
(①　　　　　)をとじこめて、ぼ
うをおすと空気の(②　　　　　)
は(③　　　　　)なります。ぼ
うをはなすと、ぼうは元の位置
に(④　　　　　)ます。

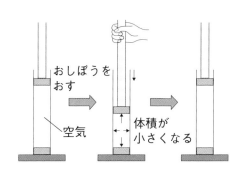

おしぼうを
おす

空気

体積が
小さくなる

```
┌─────────────────────────────────┐
│ 体積　　空気　　もどり　　小さく  │
└─────────────────────────────────┘
```

(2)　とじこめた空気をおすと(①　　　　　)が(②　　　　　)なる
ことから、空気はおしちぢめられることがわかります。
　　また、体積が小さくなった(③　　　　　)には、元の体積に
(④　　　　　)とする力がはたらきます。

```
┌────────────────────────────────────┐
│ もどろう　　小さく　　空気　　体積  │
└────────────────────────────────────┘
```

◎　次の（　　　）にあてはまる言葉を □ から選びかきましょう。

(各5点)

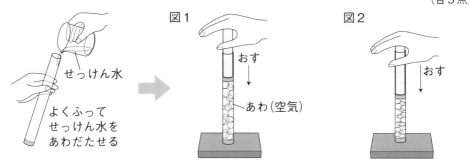

せっけん水

よくふって
せっけん水を
あわだたせる

図1　おす　あわ(空気)

図2　おす

(1)　図1のように石けんの（① 　　　　　 ）をとじこめて、ぼうをお

すと（①）の体積は（② 　　　　　 ）なりました。このことから

（③ 　　　　 ）は、おしちぢめることができ、（④ 　　　 ）は小

さくなることがわかります。

> 空気　　体積　　あわ　　小さく

(2)　図1から図2へさらに強くおしました。するとあわの体積は

さらに（① 　　　　 ）なりました。このとき、手にはたらく

（② 　　　　　 ）とする力は、図1より（③ 　　　　 ）

なりました。このことから、体積が小さくなるほど（②）とす

る力は（④ 　　　　 ）なることがわかります。

> 小さく　　大きく　　大きく　　元にもどろう

月　日

点/40点

❀　図の、空気でっぽうの玉が飛ぶしくみを見て、次の（　　）に
あてはまる言葉を［　　］から選びかきましょう。　　　　（各5点）

(1)　㋐から㋑に、おしぼうをおしたと

き、とじこめられた（① 　　　　　　）

の（② 　　　　　　）は（③ 　　　　　　）

なります。

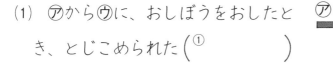
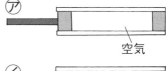

空気

空気	体積 （たいせき）	小さく

(2)　図の㋑のつつの中では、（① 　　　　　　　　　　）空気が、

（② 　　　　　　　　　　　）とする力がはたらきます。この力が前玉

をおすことで㋒のように前玉が飛び出します。

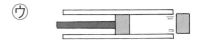

元にもどろう	おしちぢめられた

(3)　水中で空気でっぽうをうつと、前の玉

が飛び出ます。そのとき、同時に空気の

（① 　　　　　）が出ます。

つつの中の（② 　　　　　　　　　）空

気が、目に（③ 　　　　　　）すがたで出てきたのです。

水

とじこめられた	あわ	見える

とじこめた水①

❀　次の(　　)にあてはまる言葉を □ から選びかきましょう。

(各5点)

(1)　図のようにつつの中に
(①　　　　　)をとじこめ
て、ぼうをおすとぼうは下
に(②　　　　　)ません。
つまり、水の体積は
(③　　　　　　　)。

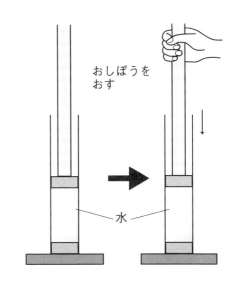

おしぼうを
おす

水

```
下がり　　水
変わりません
```

(2)　とじこめた(①　　　　)をおしても(②　　　　)は変わりま
せん。つまり、水は(③　　　　　　　)られません。だから
(④　　　　　　　)とする力も(⑤　　　　)ません。

```
はたらき　　元にもどろう　　おしちぢめ　　水　　体積
```

◎　次の（　　）にあてはまる言葉を □ から選びかきましょう。

（各8点）

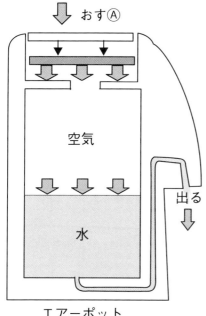

おす Ⓐ

空気

出る

水

エアーポット

　図は、エアーポットのしくみを表したものです。

　エアーポットのⒶをおすと（① 　　　　）が出ます。

　これは、Ⓐが（② 　　　　）をおしちぢめて、その（②）の（③ 　　　　）とする力が（④ 　　　　）をおし出すのです。

エアーポットは空気の（③）とする力と水の体積が（⑤ 　　　　　　　　）というせいしつを利用したものです。

| 空気　　水　　水 |
| 元にもどろう　　変わらない |

◎ 次の( )にあてはまる言葉を ▭ から選びかきましょう。

(各8点)

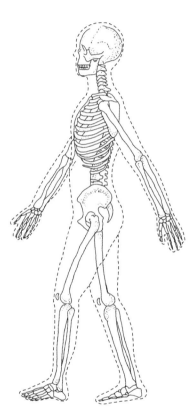

　ヒトの体には、いろいろな形をした大小さまざまなほねがおよそ200くらいあります。ほねには、体を(①)たり、体の中のものを(②)たりするはたらきがあります。

　(③)のほねや手や足のほねは、体をささえ、体の形をつくっています。

　また、大切なのうは(④)のほねによって守られ、心ぞうやはいは、(⑤)のほねに守られています。

守っ	ささえ	むね
頭	せなか	

44 ほねのはたらき②

◎　次の(　　)にあてはまる言葉を◻から選びかきましょう。

(各5点)

㋐　　　　　　㋑　　　　　　㋒　　　　　　㋓

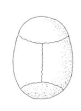　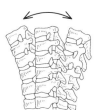　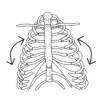　

(1)　ほねのつながり方には、㋐のように(① 　　　　　　)つなが

リ方や、㋑、㋒のように(② 　　　　　　)つながり方や、㋓の

ように、とてもよく動くつながり方があります。

　　㋐は(③ 　　　　　)のほね、㋑は(④ 　　　　　)のほね、㋒

は(⑤ 　　　　　)のほねです。

> 頭　　むね　　せなか　　動かない　　少し動く

(2)　ヒトの体には曲げられないところと(① 　　　　　　　　　)

があります。①を(② 　　　　　　)といい、きん肉を(③ 　　　　　　)

たり、ゆるめたりして体を動かしています。

> 関節（かんせつ）　　曲げられるところ　　ちぢめ

月　　日

点/40点

◎　右の図は、かたとうでのようすを表したものです。　（各8点）

(1)　図の①～④の名前を[　]から選びかきましょう。

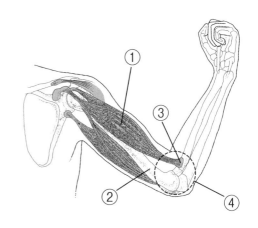

①　（　　　　　　）

②　（　　　　　　）

③　（　　　　　　）

④　（　　　　　　）

> 関節　　ほね　　きん肉　　けん

(2)　今、うでをのばしています。これから、うでを曲げようと思います。⑦のきん肉をどのようにはたらかせるとよいですか。

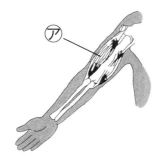

（　　　　　　　　　）

次の（　　）にあてはまる言葉を □ から選びかきましょう。

(各5点)

⑦ 　　イ 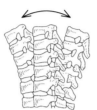　　ウ 　　エ

(1)　ほねのつながり方には、⑦のように（①　　　　　　　）つなが

り方や、（②　　　　　　）、（③　　　　　　）のように少し動くつなが

り方や、エのように、とても（④　　　　　　）つながり方があ

ります。

> よく動く　　動かない　　イ　　ウ

(2)　イ、ウのように（①　　　　　　　）ほねのつながり方にも

（②　　　　　　）がはたらいています。せなかを曲げ、のばしする

とき、（③　　　　　　）にある（④　　　　　　）をきん肉のはたら

きで曲げたりのばしたりしています。

> せぼね　　少し動く　　関節　　きん肉

月　　日

点/40点

✿　次の(　　　)にあてはまる言葉を □ から選びかきましょう。

（各8点）

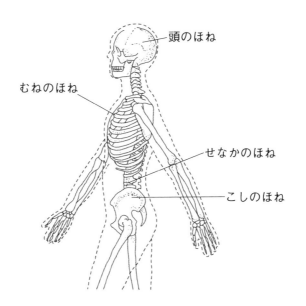

頭のほね

むねのほね

せなかのほね

こしのほね

　わたしたちの体は、(①　　　　　　)のほねや(②　　　　　)
のほねをしっかりのばすように、それらについているきん肉を
はたらかせて、正しいしせいをたもちます。

　また、いくつもの(③　　　　　)を(④　　　　　)たり
(⑤　　　　　)たりすることで、せなかやこしを曲げたり、の
ばしたりすることができています。

| きん肉 | こし | せなか | ちぢめ | ゆるめ |

月　　日

点/40点

◎　図はヒトのきん肉の図です。　　（各4点）

(1)　次のきん肉は、図のどのきん肉ですか。記号で答えましょう。

① ゆびのきん肉　　　　　　（　　　　）

② うでのきん肉　　　　　　（　　　　）

③ むねのきん肉　　　　　　（　　　　）

④ ふともものきん肉　　　　（　　　　）

⑤ ふくらはぎのきん肉　　　（　　　　）

(2)　次の（　　）にあてはまる言葉を　　から選びかきましょう。

わたしたちは、（①　　　　　　）についているきん肉を（②　　　　　　）たり、ゆるめたりすることで体を動かすことができます。

うでを曲げるときには、内側のきん肉は（③　　　　　　）、外側のきん肉は（④　　　　　）ます。

また、重い物を持つと、きん肉は（⑤　　　　　）なります。

| 固く　　ゆるみ　　ほね　　ちぢめ　　ちぢみ |

月　　日

点/40点

◎　次の（　　）にあてはまる言葉を ☐ から選びかきましょう。

（各5点）

図1

図2

(1)　図1、2はウサギの体です。図2の⑦のようなかたくてじょうぶな部分を（① 　　　　　）といい、④のようなやわらかい部分を（② 　　　　　）といいます。また、⑨のようなほねとほねの（③ 　　　　　）で曲げられるところを（④ 　　　　　）といいます。

> 関節　　きん肉　　ほね　　つなぎ目

(2)　ウサギなどの動物にも（① 　　　　　）と同じように（② 　　　　　）や（③ 　　　　　）や（④ 　　　　　）があります。

> 関節　　きん肉　　ほね　　ヒト

50 動物の体②

月　　日

点/40点

図を見て、あとの問いに答えましょう。　　　　（各8点）

[ヒト]

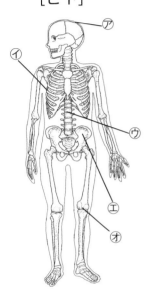

[ウサギ]

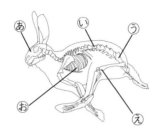

[トリ]

(1) ヒトの㋐と同じはたらきをしているウサギのほねはどれですか。記号で答えましょう。

ウサギ（　　　　　）

(2) (1)のほねはどんなはたらきをしていますか。

（　　　　　　　　　　　　　　　　）

(3) よく動く関節は、それぞれどこですか。記号で答えましょう。

ヒト（　　　　）　　ウサギ（　　　　　）

トリ（　　　　）

51 温度と空気や水の体積①

点/40点

❀　次の(　　)にあてはまる言葉を □ から選びかきましょう。

(各5点)

図1

 あたためる あたためる

へこむ　冷やす　空気　冷やす　ふくらむ

(1)　図1のように空気の入ったよう器をあたためると、よう器は
(① 　　　　　　　　)、冷やすとよう器は(② 　　　　　　)ます。こ
れは、空気をあたためると体積が(③ 　　　　　　)なり、冷やす
と体積が(④ 　　　　　　)なるからです。

> 大きく　　小さく　　ふくらみ　　へこみ

(2)　図2のように、丸底フラスコの口を下に　　　図2
向けて(① 　　　　　　)ると、せんは
(② 　　　　　　)。このことから、せんが
飛んだのはあたためられた空気が
(③ 　　　　　　)からではなく、体積が
(④ 　　　　　　)からだとわかります。

タオルで
あたためる

せん

> 上に行く　　飛びます　　あたため　　大きくなる

52 温度と空気や水の体積②

❀　次の（　　）にあてはまる言葉を □ から選びかきましょう。

（各8点）

(1) 図のように空気の入った注しゃ器を70

℃の湯の中に入れるとピストンが

（①　　　　　）の位置に動きました。

　次に注しゃ器を湯から出して、元の温

度にもどしました。するとピストンは、

（②　　　　　）の位置になりました。

　最後に、注しゃ器を氷水の中に入れる

と、ピストンの位置は（③　　　　　）にな

りました。

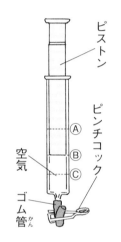

ピストン

ピンチコック

空気

Ⓐ
Ⓑ
Ⓒ

ゴム管

　　　　Ⓐ　　　Ⓑ　　　Ⓒ
----

(2) この実験から、空気の体積は温度が（①　　　　　　）と大きく

なり、温度が（②　　　　　）と小さくなることがわかりまし

た。

　　　下がる　　　上がる

月　　日

点/40点

🌸　次の（　）にあてはまる言葉を ⬚ から選びかきましょう。

（各5点）

(1)　図のように（① 　　　　　　　　）

丸底フラスコを氷水で冷やしました。すると、水面は最初の位置よりも（② 　　　　　　）ました。このことから、水は（③ 　　　　　　）と

水面に
印を
つける

水

氷水

（④ 　　　　　　）が小さくなることがわかります。

> 下がり　　　水の入った　　　冷やす　　　体積

(2)　図のフラスコを60℃の湯につけ、（① 　　　　　　　　）ました。すると水面は湯につける前よりも（② 　　　　　　）ました。このことから水は（③ 　　　　　　　　）と（④ 　　　　　　）が大きくなることがわかります。

> 上がり　　　あたためられる　　　あたため　　　体積

54 温度と空気や水の体積④

◎　次の（　　　）にあてはまる言葉を □ から選びかきましょう。

(各8点)

　図のように空気をとじこめた④の試験管と水を入れた⑧の試験管を用意しました。

　2本の試験管を同時に湯につけ、しばらくして④、⑧の水面の位置を見ました。

　④、⑧ともに、水面の位置は（①　　　　　　）いて（②　　　　　）の方がより高くなっていました。

　このことにより、温度による（③　　　　　）の（④　　　　　）は、（⑤　　　　　）の方が大きいとわかりました。

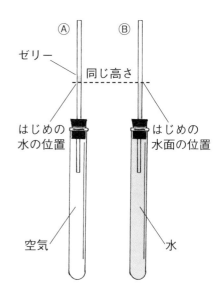

④　⑧
ゼリー
同じ高さ
はじめの水の位置　　はじめの水面の位置
空気　　水

```
変化　　空気　　体積
Ⓐ　　上がって
```

❀　温度による金ぞくの体積（たいせき）の変化（へんか）を、図のように調べます。次の（　）にあてはまる言葉を □ から選び（えら）かきましょう。

(各5点)

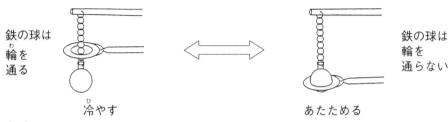

鉄の球は輪（わ）を通る

冷やす（ひ）

鉄の球は輪を通らない

あたためる

最初（さいしょ）に金ぞくの球が（① 　　　）を通りぬけることをたしかめます。

金ぞくの球をアルコールランプで（② 　　　）ます。すると、金ぞくの球は、輪を通りぬけ（③ 　　　）。

次に、あたためた金ぞくの球を水で（④ 　　　）ます。すると、金ぞくの球は、輪を通りぬけ（⑤ 　　　）。

この実験（じっけん）で、変化（へんか）が見えにくい金ぞくの球も（⑥ 　　　）によって体積が（⑦ 　　　）ことがわかりました。

金ぞくの体積の変化は、水や空気より（⑧ 　　　）です。

| あたため　　冷やし　　ます　　ません |
| 輪　　温度　　小さい　　変化する |

✿　次の（　　）にあてはまる言葉を　　から選びかきましょう。

(各5点)

熱する前　図1　　　　　熱する　図2　　　　　冷やす　図3

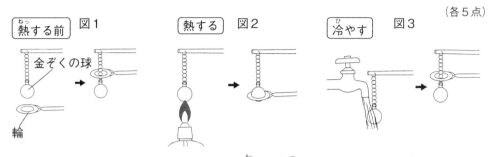

金ぞくの球

輪

(1)　図1のように金ぞくの球は輪を（① 　　　　　　　　　　）。

　　図2のように金ぞくの球をアルコールランプであたためると

輪を（② 　　　　　　　　）。通らなくなった金ぞくの球を図3の

ように水で（③ 　　　　　　　）とふたたび輪を通ります。

　　上の実験から金ぞくもあたためると体積が（④ 　　　　　　）な

り、冷やすと体積が（⑤ 　　　　　　）なることがわかります。

┌─────────────────────────────────────┐
│ 大きく　　小さく　　通ります　　通りません　　冷やす │
└─────────────────────────────────────┘

(2)　空気と水と金ぞくは、（① 　　　　　　　　　　）と体積が大きくな

り、（② 　　　　　　　）と体積は小さくなります。このうち温度に

よる体積の変化がいちばん小さいのは（③ 　　　　　　　）です。

┌─────────────────────────────┐
│ 　金ぞく　　あたためる　　冷やす　 │
└─────────────────────────────┘

57 温度と金ぞくの体積③

◎　次の（　　）にあてはまる言葉を □ から選びかきましょう。

(各8点)

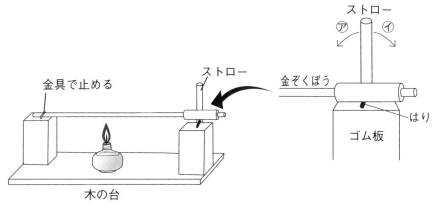

ストロー

金具で止める

ストロー

金ぞくぼう

はり

ゴム板

木の台

(1)　図のように金ぞくのぼうをアルコールランプであたためました。すると、ストローは（① 　　　　　）の方に動きました。これはあたためられた金ぞくのぼうが（② 　　　　　）からです。

> のびた　　　イ

(2)　下の図は鉄道のレールです。

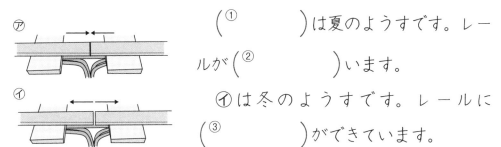

ア

イ

（① 　　　　　）は夏のようすです。レールが（② 　　　　　）います。

イは冬のようすです。レールに（③ 　　　　　）ができています。

> すきま　　　ア　　　のびて

❀　次の（　　）にあてはまる言葉を □ から選びかきましょう。

(各5点)

(1)　ジャムのびんのふたなど、金ぞくのふたが固くしまって

開かなくなったら、（①　　　　　　）の中に入れて、ふたを

（②　　　　　　）ます。すると、金ぞくの体積が（③　　　　　　）

て、ふたが少し（④　　　　　　）なり、びんとふたにすきまがで

きます。そして、開けることができます。

> あたため　　湯　　大きく　　ふえ

(2)　（①　　　　　　）なると、金ぞくが（②　　　　　　）というせい

しつを利用したものにバイメタルスイッチがあります。これは

バイメタルスイッチのしくみ

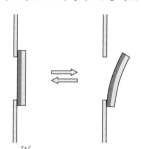

温度が低いとき　温度が高いとき

図のようにのび方のちがう2まいの金ぞ

くをはり合わせたもので、（③　　　　　　）

が高くなると（④　　　　　　）が切れる

しくみになっています。たとえば、コタ

ツは熱くなりすぎるとバイメタルスイッ

チがはたらき電気が切れます。

> 温度　　熱く　　スイッチ　　のびる

59 器具の使い方①

❀　次の（　　）にあてはまる言葉を □ から選びかきましょう。

(各5点)

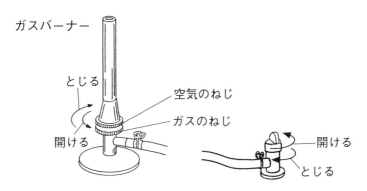

ガスバーナー
とじる
空気のねじ
ガスのねじ
開ける
開ける
とじる

(1) まず、（①　　　　　　　）を開けます。次に（②　　　　　　）のねじ
を開けて火をつけます。火がついたら、（③　　　　　　）のねじを
開けて、（④　　　　　　）の色が（⑤　　　　　　）なるように調整
します。

ガス　　元せん　　空気　　青白く　　ほのお
---

(2) 火の消し方は、まず（①　　　　　　）のねじをとじます。そして
（②　　　　　　）のねじをとじて、最後に（③　　　　　　）をしっか
りとじます。

ガス　　元せん　　空気
---

60 器具の使い方②

✿　アルコールランプの使い方について、次の(　　)にあてはまる言葉を ☐ から選びかきましょう。　　　　　　(各5点)

(1)　アルコールランプを使うときには、安全のため近くに(① 　　　　　　)などを(② 　　　　　)に用意しておきます。

> 消火用　　ぬれぞうきん

(2)　中のアルコールの量は(① 　　　　　　)くらいまでで、中のしんが(② 　　　　)すぎないか、火をつけるしんの長さが(③ 　　　　)くらいのてきとうな長さかなどを調べておきます。

> 短か　　5〜6mm　　8分目

(3)　火をつけるときは横からつけ、消すときにはふたを(① 　　　　　)から静かにかぶせます。また、火のついたランプを(② 　　　　)だり、(③ 　　　　　)などをするのは大変きけんです。

> もらい火　　運ん　　ななめ上

金ぞくのあたたまり方①

◎　図のように金ぞくのぼうの㋐、㋑、㋒にろうをぬって、あたためる実験（じっけん）をしました。次の問いに答えましょう。 　　（各5点）

(1)　図1、図2について、ろうがとけた順（じゅん）に記号をかきましょう。

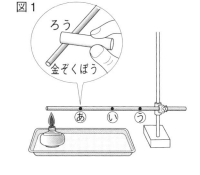

（図1）

（　　　）→（　　　）→（　　　）

（図2）

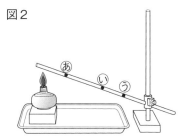

（　　　）→（　　　）→（　　　）

(2)　次の（　　）にあてはまる言葉を◻︎から選び（えら）かきましょう。

2つの実験の結果（けっか）から、金ぞくのぼうは（①　　　　　　）に関（かん）係（けい）なく熱（ねっ）した部分から（②　　　　　　）に熱が伝（つた）わるということがわかります。

近い順　　かたむき

🌀　金ぞくの板をあたためる実験をしました。　　　　　（各10点）

図1

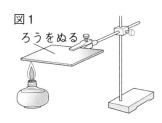

ろうをぬる

図2

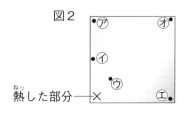

熱した部分→

(1)　図2について、正しいものに○をつけましょう。

①　（　　）　⑦は3番目にろうがとけます。

②　（　　）　⑦と①と㋛のろうはとけません。

③　（　　）　㋒はいちばん最初にろうがとけます。

(2)　下の図の×は熱した部分です。熱の伝わり方で正しいものに
○をつけましょう。

①　（　　）

②　（　　）

③　（　　）

④　（　　）

⑤　（　　）

⑥　（　　）

🌸　ビーカーの水をあたためると、どのようにあたためられるでしょうか。次の（　　）にあてはまる言葉を □ から選びかきましょう。

（各8点）

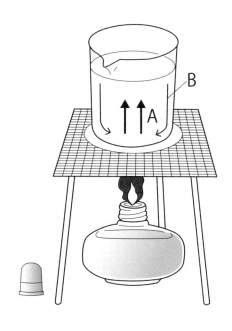

Aの矢印は、あたためられた水が（①　　　　　）なって上に上がるところです。

Bの矢印は、上がってきた軽い水より（②　　　　　）水が下に下りるところです。

下に下りてきたBの水は、アルコールランプで、ふたたび（③　　　　　）て、Aの矢印の方向へ上がっていきます。水はこのようにしてビーカーの中を動きながら（④　　　　　）方から順にあたたまって、やがて（⑤　　　　　）があたたまります。

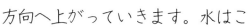

| 全体　　あたためられ　　重い　　上の　　軽く |

64 水や空気のあたたまり方②

✿　図を見て、あとの問いに答えましょう。　　　　　　　（各4点）

図1　　　　　図2

示温テープ

(1)　（　　）にあてはまる㋐～㋒、㋕～㋘の記号をかきましょう。

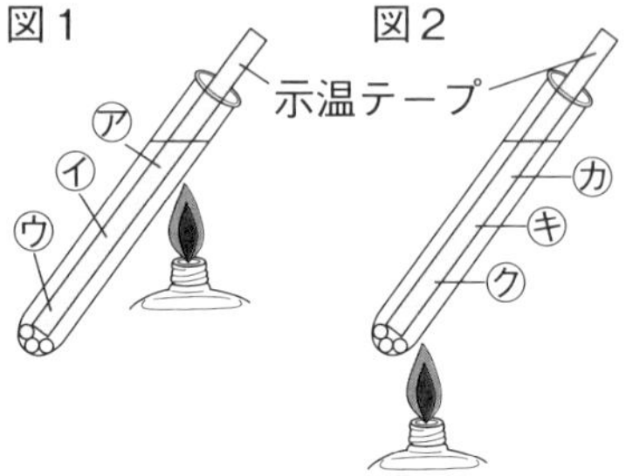

　図1の実験で、最初に示温テープの色が変わるのは（①　　　　）でなかなか色が変わらないのは（②　　　　）です。

　図2の実験では、最初に（③　　　　）の色が変わり、その後すぐに（④　　　　）、（⑤　　　　）の色が変わります。

(2)　次の（　　）にあてはまる言葉を □ から選んでかきましょう。

　図2の実験のように試験管の下の方を熱したときは、まず上の方の水があたたまります。これは（①　　　　　　　　　　）水が上へ動くからです。そして、試験管の水の量が（②　　　　　　）ので、その後すぐに（③　　　　　）があたたまります。しかし、図1の実験のように試験管の（④　　　　）の方を熱したときは、（⑤　　　　）の方はあたたまりにくいです。

┌─────────────────────────────┐
│　上　　下　　水全体　　少ない　　あたためられた　│
└─────────────────────────────┘

✿ 図を見て、次の問いに答えましょう。

(1) 20℃の水を入れた水そうに、40℃の水と5℃の水を入れたよう器をそれぞれ入れると図1のようになりました。

　　⑦と⑦には、それぞれ何℃の水が入っていますか。　　　　　　　　　　（各5点）

⑦ (　　　　　) ⑦ (　　　　　)

図1

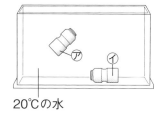

20℃の水

(2) 図2のような実験をしました。絵の具はどのように動きますか。

　　右の図に矢印をかきましょう。　（10点）

(3) 図2の実験で、先にあたたまるのは、⑦と⑦のどちらですか。　　　　（10点）

(　　　　　)

図2

水　　⑦
　　　　⑦

絵の具

(4) 次の(　　)にあてはまる言葉を □ から選んでかきましょう。

　　　　　　　　　　　　　　　　　　　　（各5点）

　図1、図2の結果から、(① 　　　　　　　　) 水は上へ動き、

(② 　　　　　　　　) 水は下へ動くことがわかります。

```
あたためられた　　温度の低い
```

水や空気のあたたまり方④

月　日

点/40点

❀　次の（　　）にあてはまる言葉を☐から選びかきましょう。

（各5点）

(1)　ストーブの上に、線こうのけむりを近づけ

ると、けむりは（①　　　　　　）に動きます。

　　ストーブでだんぼうしている部屋の空気の

温度をはかると、上の方が（②　　　　　）く、

下の方が（③　　　　）くなっています。

　　空気はあたためられると、周りの空気より（④　　　　　）くな

り、上の方へ動きます。そのとき上の方にあった温度の低い、

（⑤　　　　　）い空気が下の方へ下りてきます。

> 高　　低　　軽　　重　　上の方

(2)　空気のあたたまり方は、（①　　　　　　）とほぼ同じで、

（②　　　　　）とちがいます。

　　このため、エアコンのだんぼうでは、空気のふき出し口を

（③　　　　　）に向けて、あたたかい空気が部屋のゆかの方へ

いくようにします。

> 水　　金ぞく　　下の方

67 水や空気のあたたまり方⑤

❀　次の（　　）にあてはまる言葉を □ から選びかきましょう。

(各4点)

(1)　えき体の水や（①　　　　　）の空気は、（②　　　　　）の金ぞく

とはあたたまり方が、ちがいます。

　　（③　　　　　　　　）は、順に熱が伝わっていきますが、

（④　　　　　）や（⑤　　　　　）はあたためられた部分が移動する

ことで、少しずつ（⑥　　　　　）があたたまります。

> 気体　　空気　　固体　　金ぞく　　水　　全体

(2)　水や空気は、熱せられると（①　　　　　　）がふえて軽くなり、

（②　　　　　　）へ動き、もともと上の方にあった水や空気は、温

度が低く（③　　　　　　）ので下の方へ動きます。このような動き

をくり返して、水や空気は（④　　　　　　）があたたまります。

> 全体　　上　　重たい　　体積

(1) 次の(　　)にあてはまる言葉を □ から選びかきましょう。

(各4点)

熱気球は、あたためられた (① 　　　　　)

が、(② 　　　　　)へ動くせいしつを利用して

います。ガスバーナーで気球の中の

(③ 　　　　　) をあたためて、大空へ

(④ 　　　　　)ます。

うかび上がり　　空気　　空気　　上

(2) 次の文で、水や空気のあたたまり方に関係あるものには○
を、関係ないものには×をつけましょう。

① (　　) スープを入れたアルミニウムの食器は、すぐ熱く
なります。

② (　　) ふろの湯に手を入れると、上の方が熱かったです。

③ (　　) ドッジボールに空気を入れるとふくらみました。

④ (　　) クーラーのきいた部屋は、ゆかの方がすずしいです。

⑤ (　　) 線こうのけむりは、上へのぼっていきます。

⑥ (　　) なべの持ち手は、プラスチックでできています。

月　日

点/40点

✿ 次の( )にあてはまる言葉を ☐ から選びかきましょう。

(各5点)

(1) 水をあたためると、わき立ちます。このわき立つことを (① 　　　　) といいます。水がふっとうするときの温度はほぼ (② 　　　　)℃で、ふっとうしている間の温度は (③ 　　　　)。

水を熱したときの温度の変化のようす

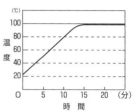

┌─────────────────────────────┐
│ 100　　変わりません　　ふっとう │
└─────────────────────────────┘

(2) ビーカーの中の⑦は、水です。水はふっとうすると、⑦の (① 　　　　) が出ます。⑦は、水がすがたを変えた (② 　　　　) です。⑦は、空気中に出た (③ 　　　　) で、目に (④ 　　　　)。これが空気中で冷やされて、⑦の (⑤ 　　　　) になります。⑦は目に見える水のつぶです。

┌──┐
│ ゆげ　　水じょう気　　水じょう気　　見えません　　あわ │
└──┘

水をあたためる②

月　　　日

点/40点

❀　図のような実験をしました。次の（　）にあてはまる言葉
　を ▭ から選びかきましょう。

（各8点）

　水をあたためるときは、⑦のふっ
とう石を入れます。

　水の中から出てきたあわを図1の
ように集めると、ふくろが図2のよ
うに（①　　　　　　）ます。

　しかし、あたためるのをやめる
と、ふくろは（②　　　　　　）、その
中に（③　　　　　）がたまります。

　この実験から、あわの正体は図3
のように、（④　　　　　）がすがたを
変えた（⑤　　　　　　）だとわか
ります。

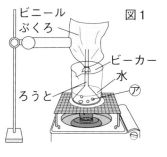

図1

ビニール
ぶくろ

ビーカー
水
⑦

ろうと

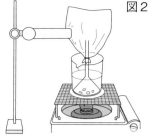

図2

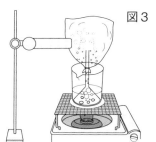

図3

| しぼみ　　ふくらみ　　水 |
| 水　　水じょう気 |

月　日

点/40点

◎　次の(　　)にあてはまる言葉を□から選びかきましょう。

(各5点)

(1)　水を入れた試験管をビーカーの中に入

れ、その周りに(①　　　　　　)を入れます。

温度計は試験管の底に(②　　　　　　　)

ように入れます。

　　ビーカーの氷に(③　　　　　　)をかけ、

試験管の水の温度とようすを観察します。

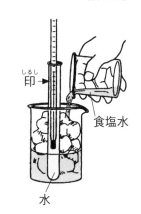

印

食塩水

水

> ふれない　　氷　　食塩水

(2)　水の温度が下がり(①　　　　　　)になると、氷ができはじめま

す。

　　水と氷がまじっている間の温度は(②　　　　　)で、全部が

(③　　　　　)になると、温度はまた下がりはじめます。

　　試験管に入れた水の水面に印をしておいて、こおらせると、

氷の面の位置が(④　　　　　)なります。水は氷になると体積が

(⑤　　　　　)ことがわかります。

> ふえる　　高く　　氷　　0℃　　0℃

月　　　日

点/40点

❀　次の（　　）にあてはまる言葉を ___ から選びかきましょう。

(各4点)

(1) ⑦には（①　　　　　）が入ってい

ます。

　水が（②　　　　　）はじめてか

ら、全部（③　　　　　）になるまで

の温度は、（④　　　　）℃でその

間の温度は（⑤　　　　　　）。

図1

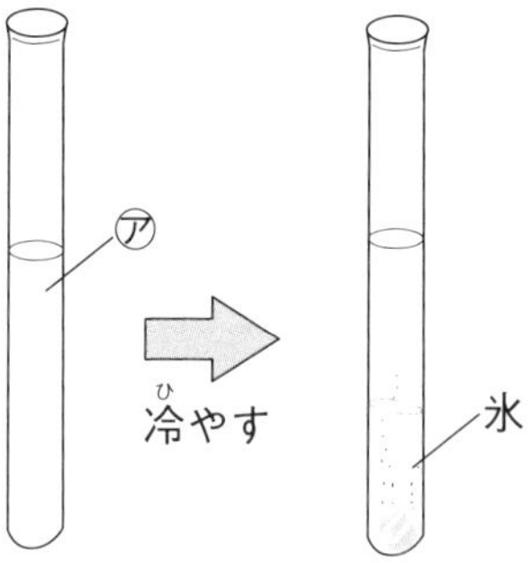

冷やす

こおらせる前　　こおらせた後

氷

水	氷	０	変わりません	こおり

(2) 図1のように（①　　　　）が（②　　　　　）にな

ると、体積は（③　　　　　）なります。水がすべ

て氷になったあとは温度が（④　　　　）ます。

　図2の温度は、（⑤　　　　　）とかき、れい下

3℃と読みます。

図2

0─0

1─0

下がり	大きく	−3℃	水	氷

次の（　　）にあてはまる言葉を ☐ から選びかきましょう。

(各4点)

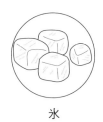

熱する →
← 冷やす

氷

熱する →
← 冷やす

水

水じょう気

（目に見えない）

(1) 水は（①　　　　　）によって、氷や（②　　　　　　　）にすが
たを変えます。水のようなすがたを（③　　　　　）、氷のよう
なかたまりを（④　　　　　）、水じょう気のような目に見えな
いすがたを（⑤　　　　　）といいます。

> えき体　　気体　　固体　　水じょう気　　温度

(2) 水はあたためると、およそ（①　　　　　）℃でふっとうし、
（②　　　　　）から（③　　　　　）に変わります。また、水を
冷やすと0℃でこおりはじめ、（④　　　　　）から
（⑤　　　　　）に変わります。

> 100　　えき体　　えき体　　気体　　固体

温度計

🌸　図のように氷をビーカーに入れてあたためると、やがて氷はすべてとけて水になりました。さらにあたためていくと、水がふっとうし、水の量がへっていきました。

(各8点)

(1)　この実験で、水のすがたは、どのように変化しましたか。

(　　　)に、えき体、気体、固体の言葉をかきましょう。

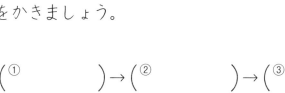

(①　　　　　　)→(②　　　　　　　)→(③　　　　　　)

(2)　氷が水になりはじめたときの温度は何度ですか。

(　　　　　　)

(3)　水がふっとうしているときの温度は何度ですか。

(　　　　　　)

月　　日
点/40点

🌸　水が温度によってすがたを変えることを、次のようにまとめました。

　　⑦〜⑦と④〜⑥にあてはまる言葉を ▭ から選びかきましょう。

(各5点)

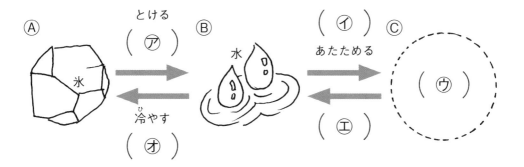

④ [　　　　　　　　　体]　　⑧ [　　　　　　　　　体]　　⑥ [　　　　　　　　　体]

⑦ (　　　　　　　)　　⑦ (　　　　　　　)　　⑦ (　　　　　　　)

⑦ (　　　　　　　)　　⑦ (　　　　　　　)

あたためる　　冷やす　　水じょう気
じょう発する　　こおる　　えき　　固　　気

◎ 次の文で、正しいものには○、まちがっているものには×を
つけましょう。

(各5点)

① (　　) 水をあたためると、気体になります。

② (　　) 氷は、あたためてもえき体にはなりません。

③ (　　) 固体(こたい)の氷は、−15℃のような低(ひく)い温度にはできま
せん。

④ (　　) 水は、こおらせても体積(たいせき)は同じです。

⑤ (　　) 水は100℃にならなくても水じょう気になります。

⑥ (　　) 水は、0℃のとき、こおりはじめます。

⑦ (　　) 固体の氷は、−10℃のような低い温度になります。

⑧ (　　) 水は、固体、えき体、気体に変化(へんか)します。

✿　図のように土で山をつくって、地面のかたむきと水の流れる速さを調べました。（　　）にあてはまる言葉を □ から選びかきましょう。

（各5点）

図1

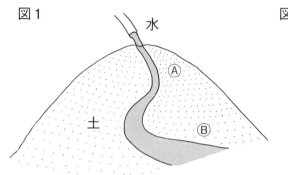

水

Ⓐ

土

Ⓑ

図2

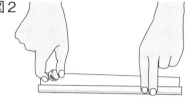

ビー玉をころがす

図1のⒶ、Ⓑの水の流れを調べる前に、それぞれの場所の地面の（①　　　　　　　）を図2のビー玉を使って調べました。

すると、（②　　　　）の方が（③　　　　　　　　）は速く、（④　　　　）の方がゆっくりでした。

それぞれのかたむきは、（⑤　　　　）の方が（⑥　　　　）よりも大きいとわかりました。

その結果、水の（⑦　　　　）は、かたむきが（⑧　　　　）ほど速いので、Ⓐの方が速く流れることがわかりました。

> ビー玉のころがり　　Ⓐ　　Ⓐ　　Ⓑ　　Ⓑ
> 大きい　　流れ　　かたむき

月　　日

点/40点

(1) 次の(　　)にあてはまる言葉を□から選びかきましょう。

(各5点)

天気のよい日は、水は(①　　　　　　　)

となって(②　　　　　　)に出ていきます。

また、水は地面に(③　　　　　　)ます。

空気中にじょう発する ⇧

→

地下にしみこむ ⇩

| しみこみ　　空気中　　水じょう気 |

(2) コップに、あ土、いすな、うじゃりを入れて水を流しました。
(　　)にあてはまる言葉を□から選びかきましょう。　(各5点)

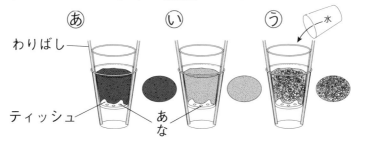

あ　わりばし　ティッシュ　あな
い
う　水

一番はやく水が流れ出たのは(①　　　　　)で、次にはやく

水が流れ出たのは(②　　　　　)で、一番おそかったのは

(③　　　　)でした。これより水の(④　　　　　)やすい

のは、つぶが(⑤　　　　)方だとわかりました。

| あ　　い　　う　　大きい　　しみこみ |

❀　次の（　　）にあてはまる言葉を □ から選びかきましょう。

（各5点）

(1)　コップに水を入れ、2～3日、

（①　　　　　）に置くと⑦の水がへって

います。①のラップシートには水の

（②　　　　　）がついて、水はほとんど

（③　　　　　）いませんでした。

> 日なた　　へって　　つぶ

日なたに置く

水面の位置に、印をつける。

ラップシート

⑦　　　水　　　①

水がへる

水のつぶ

(2)　コップに水を入れ、2～3日、

（①　　　　　）に置くと⑦の水がへって

います。①のラップシートには水の

（②　　　　　）がついて、水はほとんど

（③　　　　　）いませんでした。

> 日かげ　　へって　　つぶ

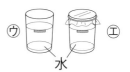

日かげに置く

⑦　　　水　　　①

水が少しへる

水のつぶ

(3)　実験から、（①　　　　　）の方が日かげより速く（②　　　　　）

することがわかります。

> 日なた　　じょう発

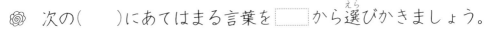

80 水のゆくえ④

✿　次の(　　)にあてはまる言葉を□から選びかきましょう。

(各4点)

(1) 冷やしておいた飲み物のびんを冷ぞう庫から出して
おくと、びんの外側に水てきがつきました。びんについた水てきは(①　　　　)にあった(②　　　　)がびんに(③　　　　)、(④　　　　)にすがたを変えたものです。

> 冷やされて　　空気中　　水てき　　水じょう気

(2) 夏の暑い日、冷ぼうのきいた部屋から屋外に出たとき、メガネのレンズがくもることがあります。これは、部屋の中で冷やされた(①　　　　)に、屋外の空気中にある(②　　　　)が冷やされて、(③　　　　)にすがたを変えたのです。

> 水じょう気　　レンズ　　水てき

(3) せんたく物がかわくのは、服などにふくまれた水が(①　　　　)して、空気中に水じょう気となって出ていくからです。じょう発は(②　　　　)でも起きますが、日かげよりも(③　　　　)の方が多く起きます。

> 日なた　　日かげ　　じょう発

次の( )にあてはまる言葉を ▢ から選びかきましょう。

(各4点)

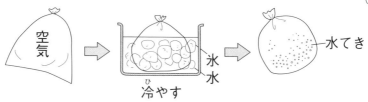

(1) (①　　　　　　)をビニールぶくろに入れ、十分(②　　　　　　)ます。すると、ふくろの内側に(③　　　　　　)がつきます。空気中の(④　　　　　　)が冷やされて水てきに変わることを(⑤　　　　　　)といいます。

| 空気　　水てき　　水じょう気　　結ろ　　冷やし |

(2) 水は熱しなくても、地面や川、(①　　　　　)などからじょう発して(②　　　　　)となって空気中へ出ていきます。水じょう気は空の高いところで(③　　　　　)、⑦のような(④　　　　　)になります。水のつぶが地上に落ちてくる⑦を(⑤　　　　　)といいます。

| 雨　　雲　　冷やされて　　水じょう気　　海 |

82 自然の中の水のすがた②

◎　次の（　　）にあてはまる言葉を □ から選びかきましょう。

(各5点)

(1)　空気中の（①　　　　　　）が
水てきになってできたのが⑦の
（②　　　　）です。⑦からふった
（③　　　　）が地中にしみこみ、川
を通り、海へ流れこみます。
　（①）が地面近くで冷やされて、
水の小さなつぶになったのが⑦の
（④　　　　）です。

> 雨　　雲　　きり　　水じょう気

(2)　土の中の水が、冷やされて固体の（①　　　　）になり、土を
おし上げるのがしも柱です。また、空気中の（②　　　　　　）が
植物などにふれて冷やされ、えき体の水の（③　　　　）になっ
たものがつゆで、地面に冷やされて（④　　　）の氷のつぶにな
り、はりついたものがしもです。自然界では、水は氷や雪など
の固体、水のえき体、水じょう気の気体のすがたをしています。

> 固体　　つぶ　　氷　　水じょう気

◎　図の①〜⑧の（　　）にあてはまる記号を□□□から選びかきましょう。（何回使ってもよい）

（各5点）

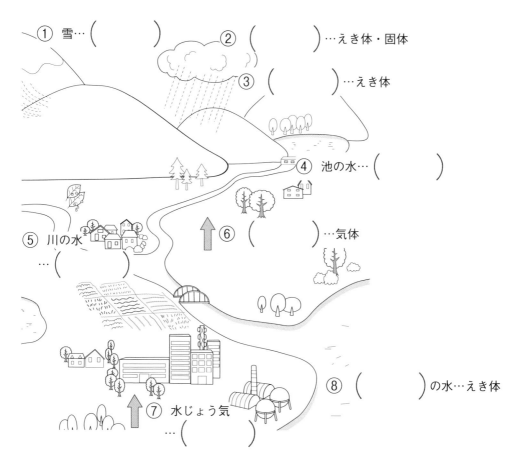

① 雪…（　　　　　）

② （　　　　　）…えき体・固体

③ （　　　　　）…えき体

④ 池の水…（　　　　　）

⑤ 川の水…（　　　　　）

⑥ （　　　　　）…気体

⑦ 水じょう気…（　　　　　）

⑧ （　　　　　）の水…えき体

⑦ えき体　⑦ 固体　⑦ 気体　⑤ じょう発
⑦ 雨　⑦ 海　⑦ 雲

月　日

点/40点

◎　図の①〜⑧の(　　)にあてはまる記号を◻︎から選びかきましょう。(何回使ってもよい)

（各5点）

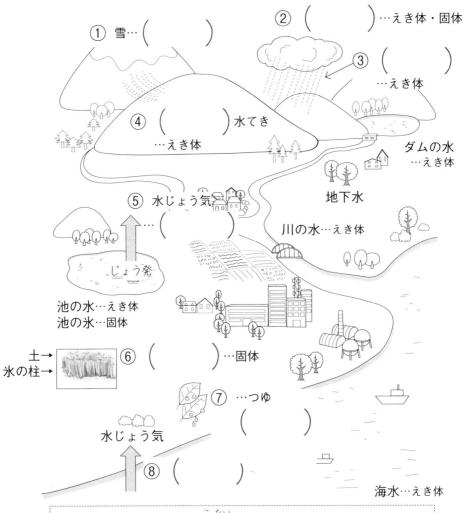

① 雪…(　　　　)

② (　　　　　　)…えき体・固体

③ (　　　　)…えき体

④ (　　　　)水てき…えき体

ダムの水…えき体

地下水

⑤ 水じょう気…(　　　　)

じょう発

川の水…えき体

池の水…えき体
池の氷…固体

土→
氷の柱→ ⑥ (　　　　)…固体

⑦ …つゆ
(　　　　　)

水じょう気

⑧ (　　　　)

海水…えき体

⑦ えき体　　④ 固体　　⑦ 気体　　① 雨

⑦ きり　　⑦ しも柱　　④ 雲

こたえ

⭐1 春の生き物のようす①

(1) ① 花　　　　② 葉
　　③ 芽　　　　④ 子葉
　　⑤ 本葉
(2) ① よう虫　　② たまご
　　③ おたまじゃくし

⭐2 春の生き物のようす②

(1) ① 種　　　　② 芽
　　③ 成長　　　④ たまご
　　⑤ おたまじゃくし
(2) ① ツバメ　　② わたり鳥
　　③ タンポポ　④ くき
　　⑤ 花

⭐3 夏の生き物のようす①

(1) ① 葉　　　　② 実
　　③ くき　　　④ 花
(2) ① よう虫　　② 成虫
　　③ おたまじゃくし
　　④ 足

⭐4 夏の生き物のようす②

(1) ① 成長　　　② 葉
　　③ 上がる　　④ 活発
(2) ① よう虫　　② 成虫
　　③ さなぎ　　④ 成虫
　　⑤ えさ　　　⑥ 巣立ち

⭐5 秋の生き物のようす①

(1) ① 下がり　　② 赤色
　　③ 花　　　　④ 実
(2) ① たまご　　② にぶく
　　③ よう虫　　④ さなぎ

⭐6 秋の生き物のようす②

(1) ① すずしく　② 赤色
　　③ 黄色　　　④ かれ
　　　　　　(②，③の順番は自由)
(2) ① にぶく　　② 数
　　③ 種　　　　④ たまご

⭐7 冬の生き物のようす①

(1) ① 下がり　　② 芽
　　③ かれて　　④ 種
(2) ① 土　　　　② 葉
　　③ わたり鳥　④ 南

⭐8 冬の生き物のようす②

(1) ① かれて ② 葉
③ 芽 ④ はりつけて
(2) ① カマキリ ② さなぎ
③ テントウムシ ④ よう虫

⭐9 1年を通して①

(1) ① 春 ② 冬
③ 秋 ④ 夏
(2) ① 冬 ② 土
③ 春 ④ おたまじゃくし

⭐10 1年を通して②

(1) ⑦, ⊥, ⑦, ⑦
(2) ⑦, ⑦, ⑦, ⊥

⭐11 1年を通して③

(1) ① 気温 ② よう虫
③ 成虫 ④ 活動
(2) ① 低く ② 冬
③ 葉 ④ 気温

⭐12 1年を通して④

(1) ① 南 ② 巣 ③ ひな
④ えさ ⑤ えさ
(2) ① あたたかく ② 活動
③ かれ ④ にぶく ⑤ 気温

⭐13 気温のはかり方・百葉箱①

(1) ① 量 ② 雲
③ くもり ④ 晴れ
(2) ① 1.2 ～1.5 ② 気温
③ 風通し ④ あたらない

⭐14 気温のはかり方・百葉箱②

(1) ① 百葉箱 ② 気温 ③ 白
(2) ① 風通し ② あたらない
③ 1.2 ～1.5
(3) ① 記録温度計 ② 最低
③ 気温 ④ 天気

⭐15 気温の変化①

(1) 折れ線グラフ
(2) （横じく）時こく （たてじく）気温
(3) 20℃

⭐16 気温の変化②

(1)

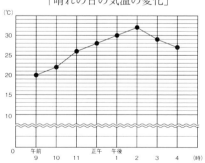

「晴れの日の気温の変化」

(2) ① 午後 2 時　　② 32℃

⭐17 太陽の高さと気温の変化①

(1) ① 晴れ　　　　② 雨
　　③ 大きい
(2) ① 午後 1 時半　② 日の出前

⭐18 太陽の高さと気温の変化②

(1) ① 午後 2 時　　② ずれて
(2) ① 地面　　　　② 空気
　　③ ずれて

⭐19 回路と電流・けん流計①

(1) ① 流れ　　② 回路　　③ 電流
(2) ① ○　　　② ×　　　③ ○
　　④ ×　　　⑤ ×
　　（豆電球の底と横がつながり、
　　　1つの回路ができれば豆電球はつく）

⭐20 回路と電流・けん流計②

(1) ① かん電池　　② 電気
　　③ 電流　　　　④ 回路
(2) ① ＋極　　　　② －極
　　③ 電流　　　　④ 反対

⭐21 回路と電流・けん流計③

(1) ① 向き　　　　　　② 強さ
　　③ 水平なところ　　④ 向き
　　⑤ ふれはば
　　　　（①，②と④，⑤の順番は自由）
(2) ① 左　　② 右　　③ 3

⭐22 回路と電流・けん流計④

(1) ① ＋　　　　② －
　　③ 回路
(2) ① 向き　　② 電流
　　③ 向き　　④ けん流計
　　⑤ 反対

⭐23 直列つなぎ・へい列つなぎ①

(1) 直列
(2) 大きく
(3) へい列
(4) 同じくらい

⭐24 直列つなぎ・へい列つなぎ②

(1) ① ⊗　　　② ⊣⊢

　　③ ⊣⊢　　④ ⟋

(2) ① ⊗   ② —✓—

③ —┤├—   ④ —┤├—

25 直列つなぎ・へい列つなぎ③

(1) ① 直列　　② 大きい
　　③ へい列　④ 同じくらい
(2) ① 直列　　② 流れません
　　③ へい列　④ 流れます

26 直列つなぎ・へい列つなぎ④

① ×　② ×　③ ×
④ ○　⑤ ○　⑥ ×
⑦ ○　⑧ ×
　④の右の電池は電気を発生させないが
　電気は通す。

27 月の動きと形①

① 目印　　　② 方位じしん
③ 指先　　　④ 10度
⑤ 角度

28 月の動きと形②

(1) ① 形　　　② 半月
　　③ 満月　　④ 十五夜
(2) ① 太陽　　② 東
　　③ 南　　　④ 西

29 月の動きと形③

① 変わります　② 三日月
③ 半月　　　　④ 満月
⑤ 1か月

30 月の動きと形④

(1) ① 満月　　② 夕方
　　③ 真夜中　④ 夜明け
(2) ① 東　　　② 南
　　③ 西　　　④ 太陽

31 星の動きと星ざ①

(1) ① 北　　　② 方位
(2) ① 早見　　② 下
(3) 時こく

32 星の動きと星ざ②

① 色　　　② 明るさ
③ 星ざ　　④ 位置
⑤ ならび方

33 星の動きと星ざ③

(1) ① ベガ　　② アルタイル
　　③ デネブ　④ 夏の大三角
(2) ① ベテルギウス
　　② シリウス
　　③ プロキオン
　　④ 冬の大三角

⭐34 星の動きと星ざ④

(1) オリオンざ
(2) 冬
(3) 南の空
(4) ベテルギウス
(5) 同じ

⭐35 星の動きと星ざ⑤

(1) ① オリオンざ ② カシオペヤざ
③ 北と七星
(2) あ 南 い 北
(3) ⑦
(4) 北極星
(5) ⑦

⭐36 星の動きと星ざ⑥

(1) 北
(2) あ
(3) ①
(4) 北と七星

⭐37 とじこめた空気①

① 元にもどる力 ② 空気
③ とじこめる ④ 手ごたえ
⑤ とじこめられた

⭐38 とじこめた空気②

(1) ① 空気 ② 体積
③ 小さく ④ もどり
(2) ① 体積 ② 小さく
③ 空気 ④ もどろう

⭐39 とじこめた空気③

(1) ① あわ ② 小さく
③ 空気 ④ 体積
(2) ① 小さく ② 元にもどろう
③ 大きく ④ 大きく

⭐40 とじこめた空気④

(1) ① 空気 ② 体積
③ 小さく
(2) ① おしちぢめられた
② 元にもどろう
(3) ① あわ ② とじこめられた
③ 見える

⭐41 とじこめた水①

(1) ① 水 ② 下がり
③ 変わりません
(2) ① 水 ② 体積
③ おしちぢめ ④ 元にもどろう
⑤ はたらき

42 とじこめた水②

① 水 ② 空気
③ 元にもどろう ④ 水
⑤ 変わらない

43 ほねのはたらき①

① ささえ ② 守っ
③ せなか ④ 頭
⑤ むね

44 ほねのはたらき②

(1) ① 動かない ② 少し動く
③ 頭 ④ せなか
⑤ むね
(2) ① 曲げられるところ ② 関節
③ ちぢめ

45 ほねときん肉①

(1) ① きん肉 ② ほね
③ けん ④ 関節
(2) ちぢめる

46 ほねときん肉②

(1) ① 動かない ② ⦿
③ ⦿ ④ よく動く
(②, ③の順番は自由)
(2) ① 少し動く ② きん肉
③ せぼね ④ 関節

47 ほねときん肉③

① せなか ② こし
③ きん肉 ④ ちぢめ
⑤ ゆるめ
(①, ②と④, ⑤の順番は自由)

48 ほねときん肉④

(1) ① ⦿ ② ⦿
③ ⦿ ④ ⦿
⑤ ⦿
(2) ① ほね ② ちぢめ
③ ちぢみ ④ ゆるみ
⑤ 固く

49 動物の体①

(1) ① ほね ② きん肉
③ つなぎ目 ④ 関節
(2) ① ヒト ② ほね
③ きん肉 ④ 関節
(②, ③, ④の順番は自由)

50 動物の体②

(1) ⦿
(2) のうを守る
(3) ヒト ⦿
ウサギ ⦿
トリ ⦿

51 温度と空気や水の体積①

(1) ① ふくらみ ② へこみ
③ 大きく ④ 小さく

(2) ① あたため ② 飛びます
③ 上に行く ④ 大きくなる

52 温度と空気や水の体積②

(1) ① Ⓐ ② Ⓑ
③ Ⓒ

(2) ① 上がる ② 下がる

53 温度と空気や水の体積③

(1) ① 水の入った ② 下がり
③ 冷やす ④ 体積

(2) ① あたため ② 上がり
③ あたためられる ④ 体積

54 温度と空気や水の体積④

① 上がって ② Ⓐ
③ 体積 ④ 変化
⑤ 空気

55 温度と金ぞくの体積①

① 輪 ② あたため
③ ません ④ 冷やし
⑤ ます ⑥ 温度
⑦ 変化する ⑧ 小さい

56 温度と金ぞくの体積②

(1) ① 通ります ② 通りません
③ 冷やす ④ 大きく
⑤ 小さく

(2) ① あたためる ② 冷やす
③ 金ぞく

57 温度と金ぞくの体積③

(1) ① ㋑ ② のびた

(2) ① ㋐ ② のびて
③ すきま

58 温度と金ぞくの体積④

(1) ① 湯 ② あたため
③ ふえ ④ 大きく

(2) ① 熱く ② のびる
③ 温度 ④ スイッチ

59 器具の使い方①

(1) ① 元せん ② ガス ③ 空気
④ ほのお ⑤ 青白く

(2) ① 空気 ② ガス ③ 元せん

⭐60 器具の使い方②

(1) ① ぬれぞうきん ② 消火用
(2) ① 8分目 ② 短か
    ③ 5～6mm
(3) ① ななめ上 ② 運ん
    ③ もらい火

⭐61 金ぞくのあたたまり方①

(1) 図1 (あ) → (い) → (う)
    図2 (あ) → (い) → (う)
(2) ① かたむき ② 近い順

⭐62 金ぞくのあたたまり方②

(1) ③
(2) ②, ④, ⑥

⭐63 水や空気のあたたまり方①

① 軽く ② 重い
③ あたためられ ④ 上の
⑤ 全体

⭐64 水や空気のあたたまり方②

(1) ① ㋐ ② ㋒ ③ ㋕
    ④ ㋖ ⑤ ㋗
(2) ① あたためられた ② 少ない
    ③ 水全体 ④ 上 ⑤ 下

⭐65 水や空気のあたたまり方③

(1) ㋐ 40℃ ㋑ 5℃
(2)

(3) ㋐
(4) ① あたためられた
    ② 温度の低い

⭐66 水や空気のあたたまり方④

(1) ① 上の方 ② 高
    ③ 低 ④ 軽
    ⑤ 重
(2) ① 水 ② 金ぞく
    ③ 下の方

⭐67 水や空気のあたたまり方⑤

(1) ① 気体 ② 固体
    ③ 金ぞく ④ 水
    ⑤ 空気 ⑥ 全体
    (④, ⑤の順番は自由)
(2) ① 体積 ② 上
    ③ 重たい ④ 全体

68 水や空気のあたたまり方⑥

(1) ① 空気　　　② 上
　　③ 空気　　　④ うかび上がり
(2) ① ×　② ○　③ ×
　　④ ○　⑤ ○　⑥ ×

69 水をあたためる①

(1) ① ふっとう　　　② 100
　　③ 変わりません
(2) ① あわ　　　　② 水じょう気
　　③ 水じょう気　④ 見えません
　　⑤ ゆげ

70 水をあたためる②

① ふくらみ　② しぼみ　③ 水
④ 水　　　　　⑤ 水じょう気

71 水を冷やす①

(1) ① 氷　② ふれない　③ 食塩水
(2) ① 0℃　② 0℃　　③ 氷
　　④ 高く　⑤ ふえる

72 水を冷やす②

(1) ① 水　　② こおり　③ 氷
　　④ 0　　　⑤ 変わりません
(2) ① 水　　　　② 氷
　　③ 大きく　④ 下がり
　　⑤ －3℃

73 固体・えき体・気体①

(1) ① 温度　　　② 水じょう気
　　③ えき体　　④ 固体
　　⑤ 気体
(2) ① 100　　　② えき体
　　③ 気体　　　④ えき体
　　⑤ 固体

74 固体・えき体・気体②

(1) ① 固体　　　② えき体
　　③ 気体
(2) 0℃
(3) 100℃

75 固体・えき体・気体③

Ⓐ 固　　Ⓑ えき　　Ⓒ 気
㋐ あたためる　　㋑ じょう発する
㋒ 水じょう気　　㋓ 冷やす
㋔ こおる

76 固体・えき体・気体④

① ○　　　　　　② ×
③ ×　　　　　　④ ×
⑤ ○　　　　　　⑥ ○
⑦ ○　　　　　　⑧ ○

77 水のゆくえ①

① かたむき　　　　　② Ⓐ
③ ビー玉のころがり　④ Ⓑ
⑤ Ⓐ　　　　　　　　⑥ Ⓑ
⑦ 流れ　　　　　　　⑧ 大きい

78 水のゆくえ②

(1) ① 水じょう気　② 空気中
　　③ しみこみ
(2) ① ⑤　　　　　② ⑥
　　③ ⑧　　　　　④ しみこみ
　　⑤ 大きい

79 水のゆくえ③

(1) ① 日なた　② つぶ
　　③ へって
(2) ① 日かげ　② つぶ
　　③ へって
(3) ① 日なた　② じょう発

80 水のゆくえ④

(1) ① 空気中　　　② 水じょう気
　　③ 冷やされて　④ 水てき
(2) ① レンズ　　　② 水じょう気
　　③ 水てき
(3) ① じょう発　　② 日かげ
　　③ 日なた

81 自然の中の水のすがた①

(1) ① 空気　　　　② 冷やし
　　③ 水てき　　　④ 水じょう気
　　⑤ 結ろ
(2) ① 海　　　　　② 水じょう気
　　③ 冷やされて　④ 雲
　　⑤ 雨

82 自然の中の水のすがた①

(1) ① 水じょう気　② 雲
　　③ 雨　　　　　④ きり
(2) ① 氷　　　　　② 水じょう気
　　③ つぶ　　　　④ 固体

83 自然の中の水のすがた③

① ⑦　　　　② ⑨
③ ⑨　　　　④ ⑦
⑤ ⑦　　　　⑥ ⑨
⑦ ⑨　　　　⑧ ⑨

84 自然の中の水のすがた④

① ⑦　　　　② ⑨
③ ⑨　　　　④ ⑦
⑤ ⑨　　　　⑥ ⑨
⑦ ⑦　　　　⑧ ⑨